I0075702

PROJET
D'ÉTABLISSEMENT.

AU PUY (Haute-Loire)

MANUFACTURE

DE PRODUITS EN TERRE CUITE

POUR LE BATIMENT

PAR

Paul BORIE

Ingénieur civil, manufacturier, notable commerçant,
Membre du Conseil des Prud'hommes du département de la Seine,
Administrateur de la Caisse d'épargne de Paris.

IMPRIMERIE ET LITHOGRAPHIE M.-P. MARCHESSOU
Boulevard Saint-Laurent, 23.

1871

©

PROJET
D'ÉTABLISSEMENT

AU PUY (Haute-Loire)

MANUFACTURE

DE PRODUITS EN TERRE CUITE

POUR LE BATIMENT

EPUIS les temps les plus reculés, l'art des constructions a donné lieu à l'emploi de matériaux artificiels obtenus par la cuisson des terres argileuses, en remplacement des matériaux naturels. Leur usage, d'abord limité à celui des briques pleines ordinaires, dont l'origine remonte à la plus haute antiquité et à celui des tuiles servant à couvrir les maisons et les édifices publics, s'est peu à peu répandu, grâce au génie inventif de l'homme qui est parvenu à créer, à peu de frais, des produits nouveaux destinés à satisfaire aux exigences particulières des constructions modernes.

C'est dans les contrées privées de pierres à bâtir que la production des matériaux artificiels en terre cuite a d'abord pris naissance; mais, plus tard, en raison des avantages que leur mise en œuvre a démontrés, l'usage s'en est propagé et rapidement étendu même dans les pays les plus riches en pierres à bâtir et autres matériaux naturels.

La brique pleine ordinaire, connue et employée de temps immémorial, n'avait été, jusqu'à notre époque, l'objet d'aucune amélioration, d'aucun perfectionnement.

Les peuples anciens nous l'avaient léguée telle que nous la fabriquons et telle que nous la mettons en œuvre aujourd'hui avec une certaine somme d'avantage, mais aussi avec plusieurs inconvénients qui en rendaient l'usage peu compatible avec les exigences nouvelles de l'art des constructions modernes.

L'on reproche à la brique pleine ordinaire d'être pesante, de ne pas présenter, toujours, un obstacle suffisant à la transmission du son, de l'humidité, du calorique et de devenir coûteuse toutes les fois qu'elle n'est pas fabriquée soit sur place, soit à portée de moyens de transport économiques, de n'offrir, dans certains cas, qu'une liaison insuffisante avec les mortiers.

En outre, son petit volume, qu'il n'est pas possible d'augmenter en raison de la masse de terre à sécher et à cuire, entraîne des frais de pose assez considérables et une dépense notable en mortier, plâtre ou ciment employé.

Les briques creuses ou tubulaires, sans avoir aucun des inconvénients reprochés à la brique pleine, se sont présentées aux constructeurs, il y a plus de 20 ans déjà, avec tous les avantages de celle-ci et possédant, en outre, des qualités précieuses qui leur ont valu l'accueil le plus favorable dès leur apparition en France, où elles ont pris naissance, et dans les pays étrangers.

Une très-grande légèreté unie à une *solidité extrême*.

Moins de perméabilité que les briques anciennes au son, à l'humidité, au calorique.

Plus de liaison dans les éléments de la construction.

Economie dans le prix de revient.

Economie dans l'emploi, par suite de l'avantage de mettre en œuvre des matériaux de gros volume, etc., etc.

A la tuile creuse et à la tuile plate, si anciennement connues, l'on préfère partout et avec juste raison la nouvelle tuile nervée à recouvrement ou à emboîtement d'invention moderne.

Les raisons qui ont légitimé le succès réservé à ces tuiles perfectionnées sont les suivantes :

Les tuiles anciennes sont d'un poids considérable ; inconvénient qui oblige les constructeurs à donner aux charpentes et aux murs une force qui entraîne un surcroît de dépenses ; leurs joints verticaux ne sont pas toujours exacts, elles laissent souvent, en se recouvrant les unes les autres, des vides qui sont autant d'accès à la pluie fouettée par le vent ; enfin elles n'utilisent en surface découverte que les 11/30 de leur surface totale pour les tuiles plates et les 2/5 pour les tuiles creuses. Leur défaut d'assemblage et de stabilité entraîne des frais considérables de remaniement et d'entretien périodiques.

Avec les tuiles modernes perfectionnées, au contraire, l'on a diminué la surface perdue par les recouvrements, en même temps le poids par mètre superficiel, l'on a augmenté les facilités d'écoulement des eaux de pluie et évité les fuites dues à l'action du vent et de la capillarité, l'on a découvert des procédés d'assemblage très-ingénieux, l'on a rendu solidaires entre elles toutes les tuiles et amélioré leur attache au latis. Enfin, l'on est parvenu à une économie de dépenses très-réelle pour un genre de couverture plus durable.

D'un autre côté, l'étude des moyens de chauffage, de ventilation et d'aération employés aujourd'hui dans les habitations et les édifices publics a donné lieu à la création de nouveaux produits en terre cuite appliqués avec économie et succès, en vue de faciliter le tirage des cheminées, d'améliorer les conditions d'hygiène et de salubrité de nos demeures et de nos monuments.

L'établissement rationnel des tuyaux de cheminée, d'aération des fosses d'aisance, de conduits pour la chaleur et pour la ventilation des grandes constructions a trouvé un puissant auxiliaire dans les tuyaux de terre, de formes et de dimensions diverses, appropriées à chacune de ces destinations.

Tous ces produits, de même que les briques creuses et les tuiles modernes et grâce à l'emploi d'un ensemble de procédés de fabrication mécanique perfectionnés, sont obtenus à des prix de revient modérés et mis à la disposition du consommateur à des conditions des plus avantageuses.

Enfin les carreaux de carrelage, si utiles et si généralement employés sous toutes les latitudes, dans tous les rez-de-chaussée et dans les cuisines, sous-sols, magasins, laboratoires, etc., complètent la série des produits en terre cuite les plus ordinaires employés dans les constructions et qu'il est facile d'obtenir à bon marché, toutes les fois que l'on a à sa disposition des matières argileuses, de qualité convenable, des combustibles de bonne sorte, et, enfin, quand la production se fait non loin du lieu de consommation ou bien à proximité de moyens de transport économiques comme, par exemple, un canal ou une ligne de chemin de fer.

Quelque général que soit devenu, aujourd'hui, dans presque tous les départements de France et à l'étranger, l'usage des briques creuses pour murs, voûtes, cloisons sourdes et légères, surélévations, hourdage de planchers, etc., etc., celui des tuyaux pour les conduits de cheminée pratiqués dans l'épaisseur des murs ou bien adossés aux pignons, refends et cloisons, l'emploi des tuyaux d'aérage et de ventilation, aussi bien que celui des carreaux pour le carrelage, enfin, l'application des tuiles perfectionnées en remplacement des tuiles anciennes si défectueuses; il est, cependant, des localités qui ne sont pas encore dotées de ces éléments de construction dont le concours a procuré, partout ailleurs, à la fois, une économie notable dans les dépenses et des constructions plus saines, plus durables et moins exposées aux dangers de l'incendie.

La ville du Puy, il faut le reconnaître, est une des rares localités demeurées, jusqu'à présent, en dehors de tout progrès en matière de construction.

L'abondance et la variété des matériaux naturels que l'on y trouve sur place, l'absence de toute fabrication des produits en terre cuite dont il vient d'être parlé et peut-être, aussi, l'ignorance de leur existence même devaient, en effet, amener ce regrettable résultat.

Cependant, l'on vient de faire à la construction de la gare du chemin de fer un emploi en grand des tuiles perfectionnées dont nous parlons et, récemment; quelques propriétaires ont introduit, les premiers, l'usage du fer dans l'établissement des planchers de maison ordinaires, ainsi que l'emploi des briques creuses.

Tous n'ont eu qu'à se féliciter de ces innovations.

Mettant à part le prix élevé de ces matériaux venus de fort loin, ces faits ne montrent pas moins une louable tendance à seconder les efforts incessants que font nos édiles pour l'embellissement de la cité et pour l'amélioration des conditions d'hygiène et de salubrité des habitations qui laissent tant à désirer.

On le sait, depuis quelques années, la ville du Puy et le département ont été dotés de plusieurs institutions importantes : l'application du gaz d'éclairage, le service télégraphique et une ligne de chemin de fer. Leur installation a, certainement, fait naître dans plus d'un esprit des doutes quant à leur utilité et quant à l'importance des services que le pays devait en recueillir. Alors l'on a pu penser et dire : ce n'est pas l'usage; tout cela n'est pas dans les habitudes de notre pays; nous avons bien vécu avant, etc., et autres banalités qui ont été longtemps le cortége des innovations même les plus utiles. Aujourd'hui, cependant, les incrédules sont obligés de reconnaître que s'ils avaient été privés si longtemps de l'usage du gaz et des bienfaits du télégraphe, s'ils ne pouvaient, jusqu'alors, sortir de nos montagnes autrement qu'en diligence, c'est qu'ils n'avaient pas à leur disposition ces puissants éléments de progrès, de civilisation et de bien-être.

Que si notre projet devait, à son tour, rencontrer ses incrédules, nous ne pourrions que nous appuyer sur les exemples qui précèdent, en ajoutant que les produits que nous avons l'intention de livrer au commerce sont d'une utilité générale sanctionnée par l'application la plus étendue en France et à l'étranger.

Cet exposé nous conduit à examiner le côté technique de notre projet.

La fabrication et la vente de nos produits exigent le concours :
De terres argileuses ;
De matières dégraissantes, telles que les sables siliceux ou quartzeux, les poussiers de coke, les sables volcaniques ;
De combustibles ;
Enfin de moyens de transport faciles.

I

TERRES ARGILEUSES.

Le bassin du Puy, si instructif et si curieux à étudier au point de vue géologique, possède une assez grande variété de matériaux de construction d'origine volcanique ; il renferme, en outre, d'autres richesses minérales demeurées jusqu'à présent à l'état de lettre morte. Ce sont, entre autres, des dépôts considérables d'argiles et de marnes argileuses de très-bonne qualité. Ces ma-

tières se présentent souvent à fleur du sol en amas fort important et, à ne les considérer qu'au point de vue de leur utilisa-
tion industrielle, elles représentent pour le pays des ressources
qui n'ont pas encore été suffisamment mises à profit. Toutefois,
depuis très-longtemps, ces argiles sont employées à la confection
des tuiles creuses, des poteries de ménage, de tuyaux *dits bour-
neaux*, et à la fabrication de briques pleines et creuses dont la
qualité médiocre dépend moins, il faut le dire, de la valeur des
matières employées, que du mauvais travail appliqué à leur
préparation et au moulage de ces produits, d'ailleurs généralement mal cuits.

Il importait d'avoir à notre disposition et de trouver réunis à
proximité de la ville, le gisement des matières premières et un
vaste emplacement destiné à recevoir les constructions de l'usine,
avec toutes facilités pour les transports. Nous avons été assez
heureux pour rencontrer auprès de la gare du Puy l'ensemble
de ces conditions.

Le terrain dont nous avons fait choix est admirablement situé
à tous les points de vue.

Sur le gisement même d'un dépôt d'argile d'une grande pureté,
dont l'importance est constatée par des puits percés à des distances et à des niveaux éloignés. Près de la gare du chemin de
fer et en bordure sur un chemin vicinal; il n'est pas jusqu'au
profil même du terrain qui ne soit très-favorable à l'installation
de l'usine.

En outre, son niveau se raccordant avec le rail de la ligne,
il sera possible d'embrancher sur celle-ci une voie qui aura
l'avantage de faciliter l'accès des charbons aussi bien que le
chargement et l'expédition des marchandises. D'où les résultats
économiques importants qui seront chiffrés dans l'examen du
point de vue commercial du projet.

La variété des couches que nous avons rencontrées sous la
surface du sol permettra de combiner les éléments qui les com-

posent, en vue de la nature et de la destination des marchandises à obtenir.

C'est ainsi que, pour les tuiles, par exemple, qui doivent être dures, denses et imperméables à l'humidité, la pâte qui les compose doit renfermer des éléments capables de subir un commencement de fusion moléculaire, étant portés à la température du four. De même, mais dans une moindre proportion, pour les carreaux. Pour les briques creuses, au contraire, et pour les grosses poteries, il sera facile de composer un mélange qui résiste mieux à l'action de la même température; ces marchandises devant présenter une moins grande dureté qui en permette la taille et plus de légèreté pour faciliter les transports à de grandes distances.

Les dosages de ces mélanges une fois déterminés et exécutés en raison des éléments qui composent chimiquement les couches en exploitation, la fabrication s'établira d'une manière rationnelle, et se continuera sans changement jusqu'à l'épuisement complet des matières.

Il y avait donc grand intérêt à connaître exactement la teneur des éléments constitutifs de ces diverses couches de matières argileuses. Nous avons fait procéder à leur analyse.

Voici le résultat de ce travail officiel et intéressant qui nous permet de fixer, *à priori*, les qualités marchandes des produits que ces éléments pouvaient donner. Cette analyse a été faite au laboratoire de l'Ecole des mineurs de Saint-Etienne, par M. Baroulier, préparateur de chimie de cet établissement.

*Résumé de l'analyse de cinq échantillons de terre pour
M. Paul Borie du Puy.*

CORPS DOSÉS,	TERRE				
	N° 1.	N° 2.	N° 3.	N° 4.	N° 5.
Silice et quartz..............	47.00	48.25	51.00	49.25	53.50
Alumine....................	32.60	33.00	27.45	33.00	28.55
Oxyde de fer................	5.10	4.05	4.75	3.75	2.95
Chaux et magnésie..........	5.30	4.95	6.30	3.75	5.00
Eau et acide carbonique.......	10.00	9.75	10.50	10.25	10.00
	100.00	100.00	100.00	100.00	100.00

Par voie sèche, ces terres ont éprouvé un ramollissement
avant celui des tèrres réfractaires de 3e qualité.

Fait à Saint-Etienne, le 2 juin 1871, par le soussigné.

B. C. BAROULIÉR.

On le voit tout d'abord, la nature de ces matières ne saurait, en aucun cas, permettre la fabrication de produits réfractaires *de bonne qualité.* Cependant la proportion relativement fai-
ble de chaux carbonatée et d'oxyde de fer qu'elles renferment
autorise à affirmer que ces terres donneront lieu à la production
de briques capables de résister, sans fusion, à la température
des fours à briques ordinaires et de constituer, en même temps,
les mortiers nécessaires pour la construction de ces appareils.

Avant d'examiner les propriétés chimiques des argiles analy-
sées dans le tableau qui précède, il nous a paru utile de donner,
dans le tableau suivant, la composition moyenne du mélange

de ces argiles. Ce mélange étant fait au moyen de l'exploitation complète des cinq bancs dont l'existence est révélée par l'un de nos puits de recherche et proportionnellement à la puissance de chacune des couches argileuses. Dans le tableau suivant, les colonnes n°⁵ 1 à 5 indiquent le produit des dosages portés dans les colonnes correspondantes du tableau précédent par la puissance de chaque couche. La hauteur totale des 5 couches est de 6 mètres 70.

PUISSANCE DES COUCHES. — CORPS DOSÉS.	1ᵐ.00 — Nᵒ 1.	2ᵐ.35 — Nᵒ 2.	1ᵐ.60 — Nᵒ 3.	1ᵐ.40 — Nᵒ 4.	0ᵐ.35 — Nᵒ 5.	PRODUIT TOTAL du dosage par l'épaisseur des couches.	COMPO-SITION moyenne du mélange.
Silice et quartz...	47.00	113.38	81.60	68.95	18.37	329.30	49.149
Alumine.........	32.60	77.75	43.92	46.20	9.99	210.46	31.426
Oxyde de fer.....	5.10	9.51	7.60	5.2 5	1.03	28.49	4.252
Chaux et magnésie	5.30	11.63	10.08	5.25	1.75	34.01	5.076
Eau et acide carbonique.......	10.00	22.91	16.80	14.35	3.50	67.56	10.083
							99.986

L'on voit, par ces résultats, quelle serait la composition des éléments sur lesquels notre fabrication courante pourrait s'établir, en supposant que nous mettions en œuvre la totalité des couches exploitées, nous réservant, bien entendu, de préparer pour certains produits des dosages mieux appropriés.

En général, l'argile, pure de tout mélange étranger, est essentiellement formée de silice, d'alumine et d'eau de combinaison ou de carrière, suivant des proportions excessivement variables. Ainsi, elle contient pour 100 parties :

Silice. . . . . de 45 à 80.
Alumine. . . . . . . de 15 à 40.

Et de l'eau dont la proportion s'élève rarement à 18 o/o.

Souvent aussi, le carbonate de chaux peut entrer dans les argiles jusqu'à la proportion de 10 ou 12 o/o, sans que, pour cela, elles cessent d'être plastiques et de pouvoir être assez bien travaillées. On donne le nom de *marnes argileuses* aux argiles qui contiennent ainsi du carbonate de chaux. Elles acquièrent une très-grande dureté par le fait de la cuisson. Mais lorsque la proportion de calcaire dépasse 10 ou 12 o/o, les marnes cessent d'être plastiques et ne sont employées qu'à titre de matières dégraissantes ou antiplastiques.

Nos argiles se renferment donc, quant aux éléments principaux ci-dessus, dans les limites de composition des argiles pures. En outre, elles contiennent du fer oxydé et du carbonate de chaux dans des proportions diverses, mais peu importantes. Les chiffres moyens ci-dessus de 5,07 o/o pour le calcaire et de 4,02 o/o d'oxyde de fer, en font des argiles réfractaires médiocres, il est vrai, mais néanmoins capables de résister à une température élevée. La présence de ces derniers éléments aura pour effet de modifier la composition chimique aussi bien que les caractères physiques des produits. Ainsi, la forte proportion d'alumine et de silice contenue dans ces terres donnera lieu, à la faveur d'une certaine addition d'eau et du travail de pétrissage, à la production d'une pâte liante et plastique, laquelle pâte moulée, séchée et portée à la température normale de cuisson, ne saura atteindre un degré plus élevé sans ramollissement et sans danger de vitrification. Cette limite résulte de la présence de la chaux combinée, laquelle, à cette température, produit un silicate double d'alumine et de chaux capable d'être vitrifié. En même temps l'oxyde de fer, également combiné et porté à la même température, passera à l'état de peroxyde anhydre et donnera aux produits la coloration en rouge si recherchée des constructeurs. La relation entre les proportions de chaux, d'oxyde de fer et de silice, autorise à placer le moment probable du ramollissement entre 1,000 et 1,200 degrés centigrades, limite que peu de fours à briques peuvent atteindre impunément.

Nous ne dirons rien de la magnésie dont l'analyse révèle la présence en même temps que celle de la chaux, car si dans quelques cas, assez rares, du reste, la magnésie se manifeste d'une manière appréciable, ce n'est jamais en quantité assez grande pour exercer une influence sensible.

Enfin, la quantité d'eau de combinaison ou de carrière accusée par le travail d'analyse ci-dessus indique les chiffres de 9,75 à 10,50 o/o, tandis que l'on voit dans d'autres argiles cette proportion varier depuis 6 jusqu'à 18 o/o. La quantité d'eau ainsi contenue dans ces terres se trouve retenue avec une affinité considérable et d'autant plus grande que la matière est plus alumineuse ou que la pâte est plus plastique. La dessication des objets fabriqués et leur cuisson donne lieu à l'expulsion non-seulement de cette eau de combinaison, mais encore de l'eau additionnée pour permettre le travail de façonnage. La perte de cette eau produit alors le phénomène connu sous le nom de *retrait de l'argile* et qui consiste, à des degrés différents, dans une diminution de volume, d'abord en séchant, ensuite en cuisant. Nos argiles, en raison des proportions de leurs éléments constitutifs, subiront un retrait de 1/8 à 1/9 de leurs dimensions linéaires depuis le moulage jusqu'à la cuisson complète.

Qu'il nous soit permis d'ajouter que les faits qui viennent d'être déduits de la discussion des données analytiques précédentes se trouvent pleinement justifiés par des expériences directes exécutées par nous sur ces matières elles-mêmes en les traitant soit seules, soit additionnées avec les matières dégraissantes dont nous parlerons ci-après. Nos terres, en effet, se prêtent parfaitement au travail de préparation des pâtes, leurs propriétés plastiques se développent alors et permettent le moulage par voie d'étirage à la filière aussi bien que par l'estampage ou le façonnage sur le tour du potier; les produits sèchent sans fissures ni déformation et ils résistent à la température élevée que nous avons indiquée. Enfin, ils affectent, au sortir du four, la couleur rouge très-appréciée des consommateurs et ils présentent les qualités marchandes que l'on retrouve dans les produits de premier choix.

La surface du terrain à exploiter mis à notre disposition est de environ 13 cartonnées (mesure du pays) de 642 mètres, soit au total environ 6,346 mètres superficiels.

Dans ce terrain, nous avons fait pratiquer deux petits puits de recherche, l'un dans le bas, à une profondeur de 8 mètres 60, l'autre, dans la partie supérieure, à une distance diagonale de environ 80 mètres, a été foncé à 12 mètres 30 de profondeur. Ces puits ont révélé l'existence de la série des couches d'argile bigarrée et rouge d'une grande pureté et des qualités qui viennent d'être discutées.

La puissance totale de ces couches reconnues bonnes à exploiter est de 9 mètres 45 en moyenne, sous une surface utile que nous réduisons à 6,000 mètres superficiels; la différence, 2,346 mètres pouvant être considérée comme sacrifiée pour les talus à ménager et pour le soutien des berges.

Cette seule parcelle de terrain présente donc une masse de 56,700 mètres cubes environ de matières pouvant répondre à une exploitation de longue durée. Il est à présumer que nos travaux d'exploitation mettront à déouvert les matières en plus grande abondance encore, car la tranchée du chemin de fer a mis à nu, à environ 50 mètres de distance, le gisement de glaise rouge sur une épaisseur de plus de 4 mètres. Quoi qu'il en soit, après l'épuisement de la masse découverte et mise à notre disposition en ce moment, il sera toujours possible de se procurer une nouvelle étendue de terrain à prendre à la suite, la montagne ayant la même composition en sous-sol.

L'usine et ses dépendances seront établies en dehors et auprès du gisement des matières, sur un vaste emplacement très-bien disposé pour cet objet.

SABLES, POUSSIER DE COKE.

L'introduction dans la composition des pâtes de matières dégraissantes telles que le sable siliceux ou quartzeux ou de poussiers de coke pourra devenir sinon indispensable, du moins utile, soit pour régulariser l'action du retrait au séchage, soit pour aider à la cuisson économique de certains produits, lesquels acquièrent, par suite de l'interposition d'éléments combustibles dans leur masse même, plus d'aptitude pour la cuisson et une plus grande légèreté.

Une vaste carrière de sable, ouverte non loin de l'emplacement désigné et d'un accès facile, suffira amplement à tous les besoins de l'usine. Ce sable, d'origine granitique, à en juger par les paillettes de mica qu'il renferme, est formé de grains de quartz et de feldspath imprégnés d'oxyde de fer, mais il ne présente pas de grains calcaires ; de plus, il n'est pas terreux et, enfin, il est d'une finesse suffisante pour constituer un excellent auxiliaire de la fabrication.

Il en sera de même des poussières et cendres volcaniques dont les environs de la ville du Puy sont dotés en abondance.

Quant aux escarbilles et aux poussiers de coke, ils seront fournis par l'usine à gaz ou par les fours à coke de Firminy, de la Ricamarie ou bien par l'usine à gaz de Saint-Etienne. Ces derniers dérivés du coke sont déjà consommés en assez grandes masses par les chaufourniers des environs du Puy.

COMBUSTIBLES.

Le combustible à employer est la houille que le bassin de la Loire nous livrera par le chemin de fer, de la qualité et de la sorte le mieux appropriées à nos besoins. Son prix sera aussi établi plus loin.

Dès l'ouverture du chemin de fer dans la direction de Brioude, les mines de Langeac nous fourniront des charbons dits *légers*, dont la qualité conviendra à notre fabrication, en raison de ses propriétés gazeuses, mieux encore que les houilles grasses de Saint-Etienne. En outre, ces charbons de Langeac, expérimentés et employés déjà à l'usine à gaz du Puy, ressortiront à un prix de reveint inférieur environ de 5 fr. par tonne aux prix de Saint-Etienne.

MOYENS DE TRANSPORT.

La question des transports est des plus importantes dans notre industrie, qui s'applique à des marchandises lourdes, encombrantes et de peu de valeur. En conséquence, nous avons fait en sorte de nous placer, à ce point de vue, dans la meilleure condition possible.

3

L'usine, située tout auprès de la gare du Puy, pourra, en effet, livrer dans toute la ville à un prix très-bas; de plus, les clients de l'extérieur viendront charger dans les magasins, comme ils le viennent faire journellement, soit à la gare elle-même, soit aux différents dépôts de houille et autres produits établis dans ces parages. Enfin, et c'est là l'un des principaux avantages de la situation choisie, la possibilité de charger au quai même de l'usine, dans les wagons de la Compagnie, nos marchandises sortant du four, pour les expédier sur la ligne, constitue l'un des plus grands avantages industriels que nous pûissions désirer.

Notre projet, communiqué à la Compagnie du chemin de fer, en vue d'obtenir d'elle toutes les facilités et faveurs compatibles avec les règlements, a été fort bien accueilli par ses représentants. Cela devait être, en effet, parce que le mouvement des marchandises montant de Saint-Etienne au Puy, donne un tonnage bien supérieur à celui obtenu en retour du Puy à Saint-Etienne. La Compagnie a donc intérêt à faciliter par tous les moyens l'installation de notre entreprise, qui lui permettra d'employer fructueusement pour elle le retour de son matériel.

Ainsi nous avons à notre disposition :

Des matières premières de très-bonne nature et en quantités pour ainsi dire inépuisables.

Des combustibles de bonne qualité.

Enfin, des moyens de transport éminemment économiques.

Les prix exceptionnellement avantageux de ces éléments seront déduits ci-après.

EAU. — FORCE MOTRICE.

La force motrice nécessaire pour le fonctionnement des appareils employés à préparer les terres et à mouler les produits sera une machine à vapeur fixe, chauffée à la houille. Les eaux d'alimentation et celles employées au trempage des terres seront tirées d'un puits foré dans l'usine, à des conditions de niveau et de profondeur analogues à ceux réalisés dans la gare du chemin de fer. La nappe de liquide, trouvée à 15 mètres environ de profondeur dans nos parages, suffira largement à nous fournir une eau employée déjà au service des locomotives, et ne donnant lieu, par conséquent, à aucune incrustation calcaire dans les chaudières.

II

FABRICATION. — MAIN-D'ŒUVRE.

Bien que nous ayons à notre disposition une série de procédés mécaniques perfectionnés et utilement employés depuis longtemps pour la préparation des matières et pour le moulage des produits, nous n'aurons pas moins recours aux moyens manuels ordinaires, depuis l'exploitation des matières premières et leur accès à l'atelier, les manutentions des matières et marchandises en cours de fabrication, jusqu'à leur mise en magasin et leur chargement à la livraison.

Ces derniers travaux, de même que le service des machines et l'extraction des terres à ciel ouvert, seront, comme cela a lieu dans les usines bien organisées, l'objet de marchandages avec les ouvriers.

Un tâcheron terrassier se chargera d'extraire la masse de glaise en se conformant aux indications qui lui seront imposées quant à la direction à donner aux travaux de fouilles, au choix ou à l'abandon de telle couche qui lui serait indiquée, au remblayage et à la reconstitution du terrain après exploitation, à l'aide des terres vaines ou de découverte, et, moyennant ces conditions, il sera payé un prix déterminé par mètre cube de vide produit dans la fouille.

Les matières extraites seront par lui mises en voiture au compte d'un autre tâcheron voiturier, à moins qu'il ne s'en charge lui-même.

Ce mode de faire a l'avantage d'assurer à l'usine un prix net et bien défini pour le revient de ces matières premières, tout en laissant à l'entrepreneur la marge à un bénéfice convenable.

Il nous paraît opportun d'examiner ici, à propos de l'exploitation à ciel ouvert de nos matières premières, la question relative au phénomène connu dans la science sous le nom de *glissement de terrains,* et, dans le langage du pays, par la dénomination de *loubine.*

Ce phénomène, qui se produit si fréquemment dans les pays fortement accidentés, et particulièrement dans nos vallées, donne lieu à des résultats désastreux. Cette question mérite bien qu'on la prenne en sérieuse considération, toutes les fois qu'il s'agit de pratiquer à ciel ouvert des excavations plus ou moins profondes dans des terrains dont la situation pourrait, au premier abord, laisser supposer le retour de ces redoutables événements.

Si, depuis longtemps, les effets de la loubine ont été constatés, les causes premières du glissement des terrains sont connues et parfaitement expliquées aujourd'hui. De nombreux travaux sur cette matière ne laissent aucun doute sur la connaissance des causes qui les produisent.

Ce phénomène pourra avoir lieu, toutes les fois que le sol renferme, à une certaine profondeur, une couche d'argile imperméable, dont la pente suivra, à peu près, l'inclinaison de la montagne. Cette couche d'argile, étant elle-même recouverte d'une masse de sables, de terres, de cailloux, de roches plus ou moins considérable. Si, comme cela a lieu si fréquemment, à la couche d'argile se trouve superposée, immédiatement, une couche de sable perméable et, par-dessus celle-ci, la masse de terre, de cailloux ou de roches, l'on trouvera réuni l'ensemble des conditions nécessaires pour que le phénomène puisse se produire.

En effet, les eaux pluviales, traversant, en abondance, les terrains supérieurs, ainsi que la couche de sable perméable, se trouveront arrêtées par la masse d'argile imperméable dont la surface humectée et lubréfiée par le liquide, constituera ainsi un véritable plan de glissement.

Si l'on vient à trancher par la base les terres superposées à l'argile, l'on conçoit que ces terres, n'étant plus soutenues, obéiront aux lois de la pesanteur avec une facilité et une vitesse d'autant plus grande que leur masse sera plus importante et que l'inclinaison du plan de glissement sera plus considérable.

Telle est, en peu de mots, la théorie explicative de ce phénomène empruntée à l'opinion des savants et à celle des praticiens les plus compétents ; ajoutons qu'on l'a vu quelquefois se produire spontanément sans que la main de l'homme y ait participé en quoi que ce soit, mais uniquement, parce que les couches supérieures qui demandaient à glisser n'étaient retenues par aucun appui naturel.

Dans le cas de notre exploitation de terres argileuses, rien de semblable n'est à craindre, aucune de ces conditions ne se trouve reproduite, l'inclinaison de nos couches est très-faible, l'épaisseur des terres vaines, superposées à l'argile, constatée par les deux puits de recherche que nous avons fait pratiquer, est de 1^m 90 dans le bas et de 0^m 10 dans le haut de la propriété. Enfin, la nappe d'eau accusée dans le voisinage par le puits de la gare est à une profondeur de 15^m 00 du niveau du rail, limite que notre exploitation ne saurait jamais atteindre; enfin, notre tranchée sera ouverte dans le sens de la pente du sol; des berges seront réservées suivant les règles du métier et celles-ci buttées par les dépôts successifs des terres de découverte.

L'on peut donc être assuré que l'exploitation à découvert de nos matières premières ne saurait, à aucun point de vue, inspirer la moindre inquiétude.

Quant à l'emploi et au service des machines, leur concours a pour objet en résumé :

1° De triturer, de malaxer, de mélanger les matières de manière à en former une pâte également et intimement composée suivant tel ou tel produit à obtenir;

2° De prendre cette pâte préparée et de lui donner la forme voulue, en un mot, de mouler le produit.

Et comme les machines qui moulent ne peuvent, en définitive, rendre que ce qu'on leur donne, il est clair que la qualité des marchandises dépendra d'abord de la qualité des matières premières dont elles sont composées, ensuite et beaucoup, du travail préalable appliqué à la préparation de ces matières; car, il est bien reconnu que des terres de nature médiocre acquièrent, par un travail de préparation avancé, des qualités qui permettent d'en obtenir des produits plus parfaits.

C'est parce qu'ils apportent trop de négligence à cette partie principale de la fabrication, que les petits fabricants, aussi bien que certains grands producteurs irréfléchis, arrivent à produire beaucoup de déchets et à livrer au commerce des marchandises défectueuses.

Nous appliquerons, en conséquence, à nos matières un travail de préparation très-soigné, à l'aide d'outils perfectionnés et qui ne laissent rien à désirer. Comme dans d'autres usines, ces machines fournissant les pâtes préparées sous forme de blocs ou de ballons dont les dimensions cubiques sont régulières, le prix du service de ces appareils sera établi à la tâche et à l'avantage tant de la maison que des ouvriers chargés de ce travail.

Il en sera de même de l'emploi des machines à mouler lesquelles, ainsi que nous l'avons dit, prennent la pâte préparée et rendent cette pâte sous forme de marchandises parfaitement moulées et prêtes à être déposées dans les séchoirs.

Les prix de façon, tant de la préparation des terres que du moulage des produits par machines, sont connus et ils résultent d'une pratique du métier de plus de 20 ans, pendant lesquels il a été possible de constater qu'avec des outils convenablement montés les ouvriers, même étrangers au métier, mais un peu intelligents et laborieux, sont mis, en peu de jours, en position de gagner un salaire très-rémunérateur en recevant les prix de façon que la maison applique à chacune des phases de la fabrication.

C'est ici le cas de bien constater que si, en général, dans chaque localité, le caractère et les aptitudes de l'ouvrier se révèlent avec des différences, il n'est pas moins vrai que, partout, le travailleur sérieux, animé de l'ambition et de la volonté de gagner plus en produisant davantage, recherchera les moyens d'y parvenir et, qu'au besoin, il désertera son pays, s'il n'y trouve pas à utiliser sa louable activité. N'est-ce pas à cette cause qu'il faut attribuer, en partie, l'émigration dans les centres industriels de l'ouvrier des campagnes et des petites villes ?

Il est donc à penser que la ville du Puy et les environs fourniront le nombre, peu considérable, d'ailleurs, d'ouvriers nécessaires, lesquels, il faut bien le redire, n'ont besoin d'aucune connaissance de la profession.

Les marchandises, une fois séchées, seront remisées en magasin, où elles séjourneront jusqu'au moment où, reprises à tour de rôle, elles seront placées dans le four.

Cette dernière manutention, qui consiste à prendre les divers produits crus en magasin, à les empiler suivant un ordre déterminé, dans le four où ils seront cuits et à retirer du four ces mêmes produits, quand ils sont refroidis, pour les classer définitivement au chantier, ces deux opérations, connues sous le nom d'enfournement et de défournement, sont confiées à une équipe d'ouvriers à qui incombe encore la tâche de nettoyer les cendriers et de remettre le four en état de recevoir une nouvelle charge.

L'enfournement, le défournement et accessoires sont aussi payés à prix fait convenu en raison du cube du four.

III

CUISSON.

La cuisson, cette opération terminale de la fabrication des produits céramiques, a été longtemps considérée comme la pierre d'achoppement de toute production économique.

C'est, qu'en effet, il est arrivé que des produits composés de bonne matière bien préparée et, d'ailleurs, amenés, sans défauts, à un état de dissécation convenable, sortaient du four soit gercés, soit plus ou moins vitrifiés ou déformés, soit insuffisamment cuits.

Ces insuccès, assez fréquents avant l'introduction des procédés de cuisson perfectionnés employés maintenant, résultaient d'une série de causes diverses, au nombre desquelles il était rare de pouvoir compter l'insuffisance du combustible employé, car, dans les fours ordinaires, quand la cuisson d'une fournée ne marchait pas régulièrement, c'était toujours par une grande dépense de combustible que l'on arrivait à la cuisson complète et souvent, aussi, à des déchets assez importants.

Aujourd'hui, l'art céramique est doté de moyens pratiques consacrés par un usage très-répandu et qui donnent sur les procédés anciens des avantages marqués, tant sous le rapport de l'économie que sous celui de la régularité de la cuisson et de l'absence de déchets. A cet égard, les briqueteries anciennes, aussi bien que les petits fabricants, se trouvent placés dans un état d'infériorité manifeste, parce qu'ils sont demeurés en possession de leurs fours anciens et qu'ils ont dû reculer devant les dépenses importantes nécessitées par la démolition de ce qui est et la construction de fours nouveau système.

Dans les établissements de grande production, au contraire, aussi bien que dans les usines nouvellement établies, les fours perfectionnés sont maintenant et à juste titre préférés, et leur emploi défie toute concurrence.

Les résultats économiques obtenus avec ces appareils sont considérables. Ainsi à Montereau, par exemple, où l'on produit les briques et les tuiles dites de Bourgogne, si justement renommées, l'on cuit aujourd'hui pour 6 francs, ce qui coûtait 16 francs dans les anciens fours. Dans un autre four fontionnant à la briqueterie des buttes Chaumont (Paris), on ne dépense pas plus de 100 kilog. de houille par 1,000 briques (1), tandis que, dans

(1) Voir LEJEUNE, *Guide du briquetier*, p. 224, Paris, 1870, rue de Madame, 40.

4

les fours anciens, la même opération coûtait de 250 à 260 kilog.

De l'exposé et des réflexions qui précèdent, il résulte que les conditions premières dans lesquelles sera établie l'usine projetée au Puy, sont on ne peut plus rationnelles pour qui voudra bien reconnaître :

1° Que la ville du Puy et le département de la Haute-Loire manquent à peu près complètement des précieux et utiles matériaux en terre cuite que nous avons l'intention de fabriquer, avec la ferme confiance que, se recommandant par leur bonne qualité, l'utilité et l'économie qu'ils présentent, ils seront accueillis favorablement ;

2° Que l'abondance et la bonne nature des matières premières assurent à la fabrication une durée et un mérite incontestés ;

3° Que la bonne installation de l'usine, aussi bien que la facilité et l'économie des transports, sont un sûr garant d'une production économique ;

4° Enfin, que la réalisation du projet constituera une opération industrielle très-fructueuse si, comme nous allons l'établir, les prix de revient sont très-bas et si l'on peut considérer comme assuré l'écoulement des quantités de marchandises qu'il nous sera possible de produire avec l'installation projetée et avec le capital réservé au fonds de roulement.

IV

EXAMEN COMMERCIAL DU PROJET.

Au point de vue purement commercial, notre projet se présente sous un jour des plus favorables.

En effet, si, pour avoir sa raison d'être, une industrie nouvelle créée de toutes pièces sur un point déterminé doit donner satisfaction à un besoin local ou bien trouver l'écoulement de ses produits à distance, à la faveur de transports économiques, il est permis d'avancer que, dans peu de cas, l'on rencontrerait réunies une somme de circonstances aussi avantageuses que celles en présence desquelles nous nous trouvons placés.

En admettant comme suffisamment indiquée l'excellence des conditions techniques de l'entreprise, il est indispensable d'apprécier, aussi exactement que possible, si nous pouvons compter, sur l'écoulement certain de la somme des marchandises que l'usine pourra produire.

Et d'abord, en thèse générale, quand un produit nouveau est offert au consommateur, ce produit a grande chance d'être accepté quand il remplit l'une des deux conditions suivantes : ou d'être meilleur et au même prix que le produit qu'il remplace, ou bien, étant de même qualité, d'être à meilleur marché.

Mais si le produit nouveau présente, à la fois, l'avantage d'être meilleur et de coûter moins cher, n'est-il pas certain qu'il sera toujours préféré ?

Cette vérité trouvera nécessairement son application en ce qui concerne l'emploi des matériaux en terre cuite, car nul n'est ennemi de ses intérêts.

L'on peut donc affirmer que si nos produits remplissent les conditions économiques dont nous parlons, ils trouveront un placement certain dès leur apparition, en tenant compte, toutefois, des difficultés premières et des lenteurs qui sont ordinairement réservées à la mise en pratique et à la divulgation de toute chose nouvelle.

Ce n'est pas seulement la ville du Puy, une ville de près de 20,000 âmes et dans laquelle il y a encore tant à faire, que nous aurons à fournir de matériaux nouveaux et qu'il ne lui a pas encore été donné de pouvoir employer, nous aurons aussi à alimenter les villages voisins et les nombreuses propriétés particulières constituant la banlieue de la ville et représentant une population disséminée de plus de 35,000 habitants.

Mais, profitant de la ligne ferrée dont le tracé traverse, d'une manière très-heureuse, de l'est à l'ouest, tout le département, nous avons l'intention de considérer certaines stations du Puy à Saint-Etienne comme autant de centres autour desquels rayonnent des populations importantes plus ou moins groupées ou disséminées et de fonder dans ces gares un dépôt de nos marchandises. Chacun de ces dépôts, établi à la faveur des dispositions pleines de sympathie que la Compagnie du chemin de fer a montrées pour notre projet, nous offre une autre série de débouchés dont l'ensemble ne laisse pas d'être fort important.

C'est ainsi que le dépôt de Vorey, par exemple, aura à desservir utilement une population disséminée de plus de 24,000 âmes :

Celui de Retournac. 38,000
  — de Pont-de-Lignon. 9,000
  — de Monistrol. 33,000
  — d'Aurec. 6,000

Les mêmes dispositions commerciales nous seront facilitées et seront prises par nous sur l'autre réseau de la ligne de fer, dès qu'il sera livré dans la direction de Brioude. Son embranchement à Saint-George-d'Aurat (52 kilomètres du Puy), avec la ligne de Brioude à Alais, nous fait espérer, pour l'avenir, des débouchés nouveaux.

Ainsi, la consommation de la ville du Puy et celle de la plus grande partie du département, au moyen du chemin de fer, nous sont acquises et, par le grand chiffre de population que représentent les surfaces par nous desservies, nous pouvons compter, de ce côté, sur un débit destiné à devenir d'autant plus important que nous aurons pu consacrer le temps nécessaire pour faire connaître les avantages marchands de nos produits.

D'un autre côté, une distance de 86 kilomètres seulement, et la position de notre usine à la gare même du Puy nous placent, pour ainsi dire, aux portes de la ville de Saint-Etienne, chef-lieu de plus de 100,000 habitants, ville éminemment industrielle et dans laquelle le mouvement des constructions civiles et manufacturières est des plus considérables.

La ville de Saint-Etienne et ses environs, à une très-grande distance, sont privés des matières premières propres à la fabrication de bons matériaux en cuite. Cependant les usines absorbent de grandes quantités de briques pleines communes fabriquées dans les environs et des briques réfractaires venant de fort loin. Celles-ci, n'étant pas comprises dans le cadre de notre projet, ne sauraient, par ce motif, nous intéresser.

Quant aux briques pleines communes, elles sont employées sur une assez grande échelle, dans les nombreuses constructions de cette vaste cité dont l'importance augmente incessamment comme aussi dans tous les travaux de mines des environs.

Ce dernier et important débouché des briques fabriquées dans la banlieue de Saint-Etienne ne devait pas, on le comprend aisément, engager les producteurs à apporter à la fabrication tous les soins qu'exigent les briques destinées aux constructions extérieures; car les travaux souterrains consomment, quoi qu'il arrive, tous ceux de ces produits que le maçon et l'architecte trouvent défectueux. Aussi, les fabricants de briques, disséminés autour de la ville de Saint-Etienne, lesquels sont assez nombreux, mais, individuellement, peu importants, n'ayant sous la main que des matières de qualité fort médiocre, et d'un autre côté, se voyant assurés de l'écoulement de leurs marchandises, en sont venus à ne livrer au commerce que des briques mal faites, de qualité contestable et dont le constructeur stéphanois est dans la nécessité de se contenter.

Une circonstance bonne à noter et qui devait se produire dans l'état de choses qui vient d'être indiqué, c'est que tous ces briquetiers auraient fait entre eux un accord tacite, à la faveur duquel les prix de vente de leurs produits seraient maintenus à un taux fixe, le même pour tous. Ces prix sont avantageux.

Une telle situation nous paraîtrait favorable à une tentative de concurrence à établir en matière de briques pleines, sur l'important marché de Saint-Etienne, à en juger par l'accueil que la communication de notre projet a reçu de plusieurs entrepreneurs et architectes de cette ville.

Nous nous présenterons donc sur cette place, non pas en simples concurrents des producteurs indigènes, mais, en outre, avec des marchandises que le pays ne produit pas, que les constructeurs connaissent déjà et qu'ils ont employées en les payant fort cher, beaucoup plus cher que nous ne les vendrons nous-mêmes.

Ces produits, consistant en briques tubulaires diverses, tuiles perfectionnées, tuyaux, dits Gourlier pour conduits de cheminées adossées, tuyaux dits wagons pour conduits de cheminées dans l'épaisseur des murs, carreaux ordinaires pour carrelage, etc., etc., constituant la spécialité de notre commerce, ne peuvent, ainsi que nous l'avons dit, être fabriqués avec les terres argileuses des environs de Saint-Etienne, lesquelles ne présentent pas une pureté suffisante pour se prêter au travail économique des machines.

La ville de Saint-Etienne les a fait venir jusqu'à présent des départements du Rhône, de l'Isère, de Saône-et-Loire, des environs de Roanne, où se trouve établie une fabrique dont la principale spécialité consiste dans la production d'articles en terre cuite différents de ceux que nous entendons fabriquer ; tels que, indépendamment des tuiles de formes diverses, les clochetons, faîtages et faîtières d'ornement, les carreaux de couleurs diverses pour carrelages, mosaïques, les mitres, buses, lanternes pour couronnement de cheminées plus ou moins décorées, les tuyaux vernis ou non pour fontaines, conduites d'eau, etc., les balustres, lucarnes, œils de bœuf en terre cuite, les articles pour horticulteurs, etc., etc.

La vente, très-lucrative, de ces produits d'ornement en terre cuite lesquels, par leur perfection de formes, se rapprochent quelquefois des œuvres d'art, constitue, comme on le voit, une spécialité bien différente de notre plus modeste production de matériaux communs en terre cuite pour le bâtiment.

Et comme, pour ces usines, la fabrication de nos articles ne peut être considérée que comme un accessoire relativement peu lucratif ; comme, d'autre part, leur agencement général a nécessairement été établi en vue de la plus grande production des marchandises les plus avantageuses, il en résulte que la production de cet accessoire devra continuer à être pour elle fort négligée et les prix en être maintenus aux chiffres élevés actuels.

Cette circonstance nous laisse le champ libre à Saint-Etienne pour la vente de nos produits fabriqués spécialement, et, d'ailleurs, dans des conditions d'économie pouvant défier toute concurrence avec les établissements du Rhône, de l'Isère, et avec celui de Roanne, distant de Saint-Etienne de 82 kilomètres et payant comme nous, au chemin de fer, le prix du tarif pour 100 kilomètres.

On le voit donc, les débouchés ouverts à nos marchandises sont considérables. Nous aurons à alimenter la ville du Puy, sa banlieue, et, grâce au chemin de fer, le vaste marché de Saint-Etienne, qui nous offre, par son importance, matière au placement d'une quantité de produits pouvant atteindre un chiffre élevé. L'ensemble de ces ressources nous paraît devoir ne laisser dans l'esprit aucun doute au sujet de l'écoulement possible de la somme des marchandises que l'usine du Puy sera capable de produire avec les moyens résultant de l'organisation première projetée. Cette probabilité pourra même devenir presque de la certitude si, comme nous l'avons dit, notre entreprise sait consacrer à la divulgation de ses produits le temps nécessaire pour permettre aux consommateurs d'en reconnaître les avantages techniques, et surtout si, en même temps, les propriétaires, ingénieurs, architectes et entrepreneurs trouvent dans l'usage de nos marchandises les éléments de meilleures constructions, et aussi des économies matérielles à réaliser.

Cette dernière considération nous paraît devoir être décisive en notre faveur.

Aussi croyons-nous devoir insister d'une façon toute particulière sur le bas prix de revient de nos produits obtenus à la faveur des divers moyens et circonstances énumérés précédemment et dont nous allons indiquer les éléments économiques.

V

PRIX DE REVIENT.

Le prix de revient des produits de notre fabrication se compose d'un assez grand nombre d'éléments divers que l'on retrouve toujours les mêmes dans toutes les localités, avec, toutefois, des variations quant à l'importance des chiffres. Cela se comprend sans peine, lorsque l'on réfléchit aux différences qui doivent se présenter, d'un pays à un autre, dans la manière d'être des matières premières, des combustibles, des salaires d'ouvriers, etc., etc.

En général, ces éléments consistent dans :

1° Le coût des matières premières rendues à pied d'œuvre, c'est-à-dire à l'atelier;

2° La préparation de ces matières;

3° Le moulage des produits rendus au séchoir;

4° Le soignage, rachevage et descente au magasin de ces marchandises;

5° Leur enfournement et leur défournement;

6° Le combustible employé pour la cuisson;

5

7° Le temps des cuiseurs;

8° Le transport à destination;

9° Les droits d'octroi (quand il y en a);

10° Enfin les frais généraux de l'établissement.

Nous avons établi, aussi exactement que possible, quel sera le prix de revient de chacun des produits que nous nous proposons de fabriquer au Puy. Nous possédons, en effet, tous les éléments nécessaires pour fixer à l'avance des chiffres très-approchants de la vérité; mais les résultats fort satisfaisants de ce travail ne sauraient trouver place dans ce mémoire, car, outre que la mise en pratique pourra apporter quelques légères variations en plus ou en moins dans la valeur des chiffres indiqués, l'on comprend que la divulgation de ces documents pourrait présenter plus d'un inconvénient.

Néanmoins, *à titre de renseignement*, nous pouvons fournir, de première main, les détails des prix de revient obtenus dans une manufacture importante fonctionnant depuis longtemps aux environs de Paris, dans des conditions qui ont quelque analogie avec celles qui nous sont offertes au Puy. La marche de cette usine est momentanément suspendue par suite des événement politiques actuels.

A l'appui, nous ajouterons les sous-détails de ces prix de revient. Enfin, nous mettrons en regard de ces dernières données les mêmes éléments empruntés aux circonstances particulières que nous avons sous la main au Puy. Le rapprochement de ces chiffres sera, ce nous semble, très-suffisant pour permettre d'apprécier, d'une manière aussi claire que possible, l'économie finale de notre projet, sans que des indiscrétions plus grandes en viennent compromettre la puissance commerciale.

Le tableau suivant fait connaître les détails du prix de revient, aux environs de Paris, de quelques-uns des produits que nous nous proposons de fabriquer au Puy. Ces chiffres résultent de l'inventaire dressé au 31 décembre 1869.

Dans la série des briques tubulaires, l'on a considéré le n° 3 ayant, cuite, les dimensions suivantes :

$$
\begin{aligned}
&\text{Longueur.} \dots\dots\dots\ 0^{\text{m}}\ 220 \\
&\text{Largeur.} \dots\dots\dots\ 0\ \ \ 110 \\
&\text{Epaisseur.} \dots\dots\dots\ 0\ \ \ 065
\end{aligned}
$$

et percée de six cavités longitudinales.

Parmi les tuyaux de cheminée dans l'épaisseur des murs dits wagons, le wagon pour murs de 0^{m} 35 d'épaisseur, enduits compris, ou ravalé, ayant en hauteur 0^{m} 160, en sorte qu'il en faut 6 par mètre courant de tuyau, celui-ci présentant une section de passage intérieur de 0^{m} 16 $\times$ 0^{m} 25, grandement suffisante pour le tirage des cheminées ordinaires.

Au nombre des tuyaux dits boisseaux (Gourlier), ou tuyaux de cheminées adossées, le boisseau de 19/22 de section de passage d'une épaisseur de paroi de 0^{m} 032 avec emboîtement, et d'une hauteur de 0^{m} 033, ce qui donne 3 tuyaux par mètre courant.

Enfin, les briques pleines ordinaires de 0^{m} 220 $\times$ 0^{m} 110 $\times$ 0^{m} 060.

L'étude de ces types de briques et de tuyaux donne le prix de revient des autres produits similaires; le prix de revient et le taux de vente de ceux-ci leur étant proportionnels.

PRIX DE REVIENT AUX ENVIRONS DE PARIS.

DÉTAILS.	MILLE de briques creuses N° 3.	CENT de wagons de 35.	CENT de boisseaux de 19/22.	MILLE de briques pleines.
1° Coût des matières premières rendues à l'atelier......................	5ᶠ 50	5ᶠ 55	4ᶠ 24	6ᶠ 97
2° Préparation de ces matières........	2 10	2 13	1 62	3 70
3° Moulage des produits rendus au séchoir...........................	2 75	2 97	2 97	5 00
4° Soignage, rachevage et descente en magasin......................	1 30	1 85	1 85	3 00
5° Enfournement et défournement......	2 59	2 59	2 59	2 60
6° Combustible pour la cuisson........	7 28	7 28	6 48	7 28
7° Temps des cuiseurs...............	0 46	0 46	0 34	0 46
	21 98	22 83	20 09	29 01
8° Transport à pied d'œuvre..........	5 00	5 00	4 25	8 00
9° Octroi de Paris..................	4 80	4 85	3 60	7 00
	31 78	32 68	27 94	44 01
10° Frais généraux 9 o/o du prix de facture............................	5 22	8 10	7 65	5 40
	37 00	40 78	35 59	49 41

Ce tableau, nous le répétons, est donné *comme renseignement* et pour indiquer dans quel esprit et sous quelle forme le prix de revient est établi. Quant aux chiffres et aux résultats ci-dessus, ils se réfèrent à ce qui se pratique aux environs de Paris, et leur importance n'a rien de commun avec les prix de revient établis au Puy.

SOUS-DÉTAILS.

1º MATIÈRES PREMIÈRES. — La terre glaise, extraite par puits et galeries, à 31 mètres de profondeur, coûte, les 1,000 kilo-grammes. 4ᶠ 50ᶜ

    Accès à l'atelier distant de 700 mètres. . . . 0 50

    Empilage. 0 25
                                                    ————
                                                    5 25

pesant 1,571 kilog. le mètre cube ; c'est, par mètre cube, 8 fr. 24 c.

Une autre terre argileuse maigre, extraite du même lieu, à ciel ouvert et dans des conditions analogues à celles de notre terrain au Puy, mais avec une découverte de environ 4 mètres de terres vaines à rejeter, coûte, pour l'extraction par mètre cube de vide produit dans la fouille. 1ᶠ 50ᶜ

    Accès à l'atelier. 0 50
                                                    ————
                                                    2 00

sans tenir compte du foisonnement.

POUSSIERS DE COKE DE GAZE :

    Les 15 hectolitres rendus 7ᶠ 50ᶜ

    Le mètre cube. 5 00

Dosage ordinaire :

    Glaise,   3 parties à 8 24 . . . . . . 2ᶠ 47ᶜ
    Terre maigre, 6   —   2 00 . . . . . . 1 20
    Poussier,   1   —   5 00 . . . . . . 0 50

        Prix du mètre cube de mélange. 4 17

Et comme il faut 1 mètre 320 de pâte pour faire 1,000 briques creuses n° 3; par exemple, il entre de la matière pour 1 32 × 4^f 17 = 5^f 50.

Le même calcul donne les chiffres portés au tableau qui précède pour les actes produits.

2° PRÉPARATION DE LA MATIÈRE. — La façon de 1 mètre cube de mélange est exécutée par 5 hommes dans 11 heures de travail, soit 55 heures à 35 c. l'heure, ci. . . . . 19^f 25^c

Ils préparent de la matière pour, par exemple, 900 wagons de 35 cubant ensemble 11 mètres 988. La préparation des matières coûte donc, pour 108 wagons dits de 35^c. $\frac{19^f\,25^c}{9}$ = 2^f 13^c.

3° MOULAGE DES PRODUITS. — Ce travail est fait par une équipe d'ouvriers dont le chef seul est payé en raison soit du nombre de mille briques produites et comptées après dessication et empilage, soit du nombre de blocs ou ballons de terre qu'il passe dans la machine. Ces ballons, ainsi que nous l'avons dit, sont obtenus de dimensions régulières; les servants sont obligés de desservir la machine à sa vitesse normale et alimentée par le chef.

Il est passé dans la machine, en moyenne, par jour, 480 ballons de terre payés au chef, le cent, 1^f 30 × 480.   6^f 25^c

4 hommes à 11 heures ou 44 heures à 35 c. . 15 40

2 enfants à 11 — 22 — 25 c. . 5 50

Le personnel de la machine coûte. . . . . 27 14 pour 11 heures, et il produit 912 boisseaux de 19/22, par exemple, dont le moulage coûte, pour cent pièces. $\frac{27^f\,14^c}{9\,12}$ = 2 97.

4º Soignage, rachevage et descente. — Il est également payé à la tâche, aux prix suivants, invariablement établis depuis de longues années, savoir :

Briques creuses, type n° 3, le mille. . . . 1^f 30^c

Boisseaux. . . . 19/22 } le cent. . . . 1 85
Wagons. . . . 35 }

Briques pleines, rebattage et descente, le mille. . . 3 00

5º Enfournement, défournement. — Ce travail est aussi donné à l'entreprise à un tâcheron. Cela était en effet possible, car cette besogne est régulière, uniforme ; les dimensions intérieures des fours sont invariables et l'on sait, par le nombre de fournées et par le détail du nombre de pièces enfournées, quelles quantités de chacune des marchandises ont été cuites dans le courant de l'année. D'un autre côté, la somme totale payée aux enfourneurs dans le même exercice, permet de déduire le coût de l'unité de chaque nature de produits.

C'est ainsi que l'on a obtenu les chiffres suivants, pour le prix de l'enfournement et du défournement :

Briques creuses, n° 3, le mille. . . . . . 2^f 59^c

Boisseaux. } le cent. 2 59
Wagons. . }

Briques pleines, le mille. 3 00

6º Combustibles. — L'usine parisienne à laquelle nous empruntons ces utiles renseignements n'est pas pourvue d'un de ces appareils de cuisson perfectionnée dont nous avons parlé précédemment. Les fours qu'elle possède sont établis suivant les

anciens errements ; aussi les dépenses afférentes à cette partie importante du prix de revient général sont-elles relativement assez
élevées, car elles ne sont pas moindres de 260 kilog. de houille
belge par mille de briques ou par cent de tuyaux. Il est vrai que,
dans ce chiffre, figure la houille consommée par la machine à
vapeur et les quantités employées au chauffage domestique de
l'établissement. Cette appréciation est d'ailleurs rationnelle, car
les marchandises doivent, en définitive, supporter aussi bien les
dépenses du combustible employé à leur cuisson que celles résultant du chauffage de la machine et autres.

Cette dépense s'est trouvée être de 260 kilog. de houille, à
28 fr. la tonne (hors Paris), soit de 7 fr. 28 :

Pour 1,000 briques creuses n° 3 ;
— 100 wagons de 35 ;
— 100 boisseaux de 19/22.

Et — 1,000 briques pleines, lesquelles ne sont pas cuites
isolément et doivent entrer en ligne de compte, en raison de leur
volume extérieur, indépendamment de leur masse.

7° TEMPS DES CUISEURS. — Un cuiseur à l'année, chargé ex-
clusivement des petits feux et de la cuisson successive de chaque four, est payé par mois 170 francs ou 2,040 francs par
an. Cette somme, répartie sur la totalité des marchandises cuites
dans l'exercice, a donné pour mille briques)
        — cent tuyaux) la somme de 0ᶠ46.

8° TRANSPORTS A PIED D'ŒUVRE DANS PARIS. — Ils sont exécutés par un maître voiturier ayant à lui des chevaux et des
voitures en nombre suffisant pour le service de la maison. Les

prix sont ainsi fixés depuis longtemps pour les livraisons dans tout Paris, indépendamment des distances :

1,000 briques creuses n° 3.	5^f 00^c
1,000 — pleines.	8 00
100 wagons de 35.	5 00
100 boisseaux de 19/22	4 25

A ces prix, un cheval et un homme, faisant en moyenne deux voyages par jour, gagnent en voiturant :

1,300 briques n° 3	× 5^f 00^c	= 6^f 50^c	× 2 =	13^f 00^c
800 — pleines	× 8 00	= 6 40	× 2 =	12 80
100 wagons 35	× 5 00	= 6 50	× 2 =	13 00
150 boisseaux 19/22	× 4 25	= 6 375	× 2 =	12 75

Ces résultats, fort rémunérateurs, deviennent encore plus avantageux, quand il attelle deux chevaux conduits par un seul charreretier.

9° OCTROI DE PARIS. — Les droits perçus à l'entrée de Paris sont les suivants :

Pour 1,000 briques pleines ne cubant pas plus de 1 litre 5 dècilitres. 7^f 00^c.
— 1,000 briques creuses dépassant ce cube et pour tous les tuyaux, la tonne de 1,000 kilogrammes. 3^f 00^c

10° Les frais généraux, comprenant l'intérêt à 5 o/o du capital engagé, le salaire des employés, contre-maître, chauffeur, mé-

6

canicien, garçons de chantier, les impositions, assurances, représentent ensemble une somme totale qui, répartie sur le chiffre de la vente annuelle, n'atteint pas 9 o/o. C'est ce chiffre
qui a été porté à l'inventaire duquel sont extraits tous ces
documents.

VI

En regard de ces sous-détails, nous croyons qu'il est indispensable d'indiquer les résultats correspondants qui seront obtenus au Puy, à la faveur des conditions éminemment avantageuses que nous y trouvons réunies.

Matières premières. — Le mètre cube de nos matières premières, rendu à l'atelier, n'atteint pas le prix de 2^{f}00^c

Les sables de carrière coûtent moins de 1^{f}30^c le mètre rendu
à pied d'œuvre.

Les poussiers et les grésillons de coke de gaz coûteront
3^{f}00^c et 5^{f}10^c le mètre cube également rendu.

Main-d'œuvre. — Dans le prix de revient général que nous
avons analysé précédemment, mettant à part le coût des matières et celui des combustibles, les transports, octroi et frais
généraux, pour ne considérer que les dépenses de la main-d'œuvre proprement dite, le montant de cette main-d'œuvre entre
pour 44,8 o/o du prix de revient brut des marchandises cuites
bonnes à être livrées. Dans le prix de revient total, au contraire,

y compris les frais généraux, les dépenses de main-d'œuvre sont de 25,86 o/o.

L'on voit quels doivent être les avantages économiques toutes les fois que l'on a à sa disposition la main-d'œuvre à bon marché et, surtout, quand celle-ci est, en grande partie, appliquée au service des machines.

Or, au Puy, un manœuvre ou homme de peine gagne en 12 heures $1^f 75^c$, 2^f et même $2^f 50^c$, quand il est intelligent et de première force; c'est par heure $\frac{2^f 50^c}{12} = 0^f 208^m$. Ce manœuvre, attaché au service de nos appareils, rendra autant de travail utile que s'il était payé, comme dans les grandes villes, $0^f 35^c$ l'heure, c'est-à-dire plus de 70 o/o plus cher.

Combustibles. — La consommation du combustible, appliqué tant à la production de la force motrice qu'à la cuisson des produits dans les anciens fours, figure, dans le prix de revient brut, pour 29^f, 5 o/o; et dans le prix de revient total pour 17^f, 5 o/o. Mais dans les fours perfectionnés, l'on cuit le mille de marchandises avec 100 kilos. Nous avons porté le chiffre de cette dépense à 120 kilogrammes.

Le prix de la tonne de houille de Firminy, en fines gailleteuses rendue à l'usine, sera de $20^f 50^c$.

Transports. — Un cheval et un homme coûtent au Puy, au maximum, 6 fr.

Quant aux transports par chemin de fer, le tarif spécial n° 53, qui comprend nos marchandises, porte les prix suivants :

Jusqu'à 50 kilomètres, la tonne.	$0^f 07^c$
— 100 — —	0 05
Au-delà de 100 — —	0 04

sans que le prix puisse dépasser 4 fr. la tonne, et par poids minimum de 5,000 kilog.

La faveur de l'application de ce tarif spécial nous donnera :

Pour Vorey, la tonne. . . . 1ᶠ 40
— Retournac, — 2 31
— Monistrol, — 3 50
— Aurec, — 3 05
— Saint-Etienne. . . . . 4 "

Octroi. — L'octroi perçu par la ville du Puy pour les briques et tuiles tant de l'extérieur que de l'intérieur est de 0ᶠ 80ᶜ par mille. Les poteries sont exemptes de droits. Le montant de cette dépense, qui pourra devenir l'objet d'un abonnement avec la ville, se trouve compris dans les frais généraux.

A Saint-Etienne, les droits qui frappent les briques pleines et creuses, ainsi que les tuiles, sont de 0ᶠ 50ᶜ le mètre cube, plus un décime. Les tuyaux pour cheminées et autres ne sont pas imposés.

Frais généraux. — Les frais généraux à répartir seront, comme dans toute exploitation industrielle, en raison inverse du chiffre de la vente. En les évaluant à 10 0/0 du prix de facture, nous nous plaçons dans des conditions normales qui ne pourront que s'améliorer à mesure que le montant des affaires ira en augmentant.

Ne nous étendons pas davantage sur ces détails qui dévoilent les éléments mêmes de notre prix de revient au Puy ; de plus longs développements présenteraient, ainsi que nous l'avons dit, de trop sérieux inconvénients.

Nous pensons, néanmoins, que ce qui vient d'être dit permettra d'apprécier d'une manière sûre et précise quel degré d'économie notre production est capable d'atteindre.

Qu'il nous soit permis d'espérer, en terminant, que la mise en pratique du projet que nous venons d'étudier sera, à la fois, utile à notre pays et fructueuse comme entreprise industrielle.

Le Puy, juin 1871.

Le Puy. imp. et lith. M.-P. Marchessou, boulevard St-Laurent, 23.